宝索企业为您提供生活用纸整体解决方案：
BAOSUO ENTERPISE WILL PROVIDE YOU THE OVERALL SOLUTION:

宝进科技制造有限公司（包装设备）
Guangdong Baojin Technology Co., Ltd. (Packing Machine)

包装成品
Finished Product

宝索机械制造有限公司（后加工设备）
Baosuo Paper Machinery Manufacture Co., Ltd. (Converting Machine)

U0340992

原纸后加工
Tissue Converting

宝拓造纸设备有限公司（造纸设备）
Baotuo Paper Machinery Engineering Co., Ltd. (Tissue Paper Machine)

原纸制造
Paper Making

佛山市宝索机械制造有限公司（BAOSUO）
Tel:+86-757-86777529　　E-mail:master@baosuo.com　Http://www.baosuo.com
佛山市南海区宝拓造纸设备有限公司（BAOTUO）　广东宝拓科技股份有限公司
Tel:+86-757-81273388　　E-mail:master@baotuo.com.cn　　Http://www.baotuo.com.cn
广东宝进科技有限公司（包装设备）（BAOJIN）
Tel:+86-757-86702280　　E-mail:master@gdbaojin.com　Http://www.gdbaojin.com

扫一扫 关注微信

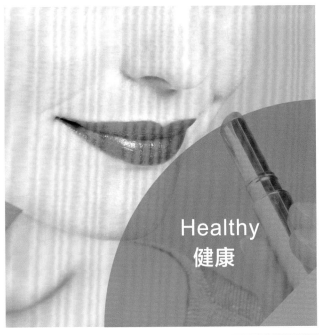

Healthy
健康

Safe
安全

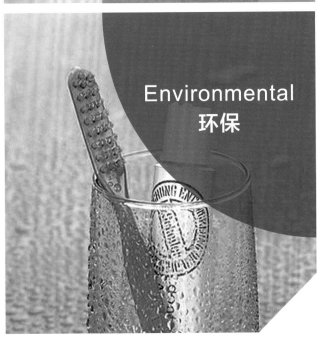

Environmental
环保

Natural
天然

S UNPU
桑普防腐 真心关爱湿巾

作为快速发展的一次性卫生用品，湿巾的品种和用途日趋多样化，各种高附加值的功能性湿巾产品也越来越多。
- 我们多系列的防腐杀菌剂，可为您的湿巾产品提供有效的保护。
- 杰润®系列功能性添加剂，则可满足您湿巾的各种功能需求。

我们的服务

切合客户需要，提供多样化的服务：
- 微生物相关试验、化学分析、产品配方开发及功效性评价等
- 为客户提供建议、培训、技术服务及现场指导

桑普生化
SUNPU BIOCHEM.

公司总部（北京）：北京市大兴区欣雅街15号院兴创国际中心5号楼3层
电话：86-10-83556812 63529272 | 传真：86-10-63539564 | 网址：www.sunpubc.com www.sunpubc-finechemicals.com | 技术服务热线：
广州：86-20-36086931 36086930 上海：86-21-64605912 64605915 厦门：86-592-5155121 5155131 成都：86-28-61296361 86032432 | 86-10-83535178

CSG 杭州新余宏

股票代码: 300222

CSG-BPUP600

Servo Motor Baby Pull-ups Machine

伺服婴儿拉拉裤生产线

Speed: 600pcs/min　速度：600片/分

CSG-SN800SP

Full Servo Straight Packing Sanitary Napkin Machine

全伺服条型包卫生巾生产线

Speed: 800pcs/min　速度：800片/分

专业设计 / 精工制造

杭州新余宏智能装备有限公司

地址: 杭州 瓶窑　电话: 0571-88541156　国际销售部电话: 0571-88546558
传真: 0571-88543365　Http://www.yhjg.com　E-mail: sales@yhjg.com

汉威制造

HANWEI MANUFACTURING®

1200PPM

高端快易包卫生巾设备

Advanced Easy Open Bag Sanitary Napkin Machine

800PPM

环抱式弹性腰围高端婴儿纸尿裤设备

Full Width Waistband Baby Diaper Machine (Inline Laminating Waistband)

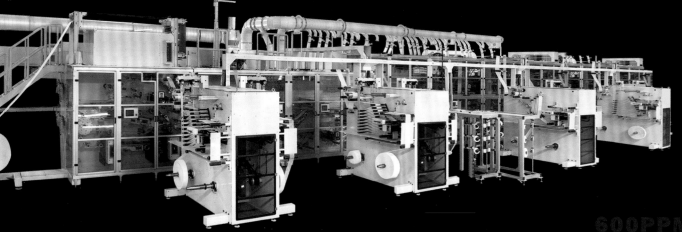

600PPM

沙漏型婴儿训练裤生产设备

Hourglass Leg Shaped Baby Training Pants Machine

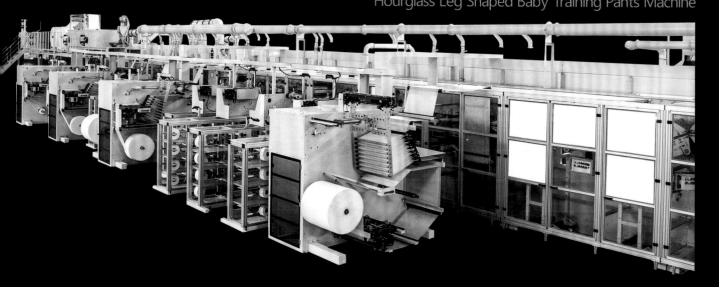

泉州市汉威机械制造有限公司

地址: 福建省泉州市鲤城区江南高新科技园区斗南街123号

电话: (86)595-22488588 / 22488389 / 22488988　　传真: (86)595-22487588

网址: www.han-wei.com　　邮箱: hanwei@han-wei.com　　邮编: 362000

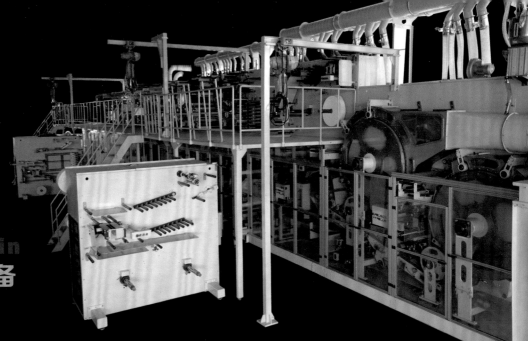

200~300m/min

成人纸尿裤设备
Adult Diaper Machine

200~300m/min

看护垫生产设备
Underpad Machine

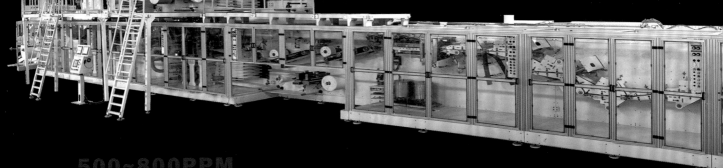

500~800PPM

弹性大耳朵婴儿纸尿裤生产设备
Baby Diaper Machine (With Elastic Side Panel)

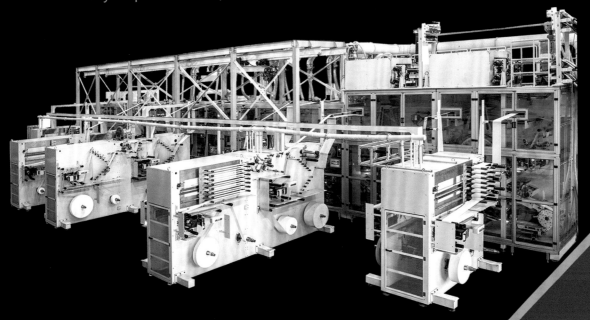

欢迎莅临指导！

三木机械
THREE WOOD MACHINE

并肩同行 与君共赢
Shoulder to shoulder for a win-win future

全伺服控制成人失禁裤生产线
Full Servo Control Adult Pants Production Line

生产速度：250 片 / 分
Production Speed: 250 pcs/min

全伺服 T 型婴儿纸尿裤生产线
Full Servo Control T-type Baby Diaper Production Line

生产速度：800 片 / 分
Production Speed: 800 pcs/min

全伺服控制 T/O 型婴儿拉拉裤生产线
Full Servo Control T/O Type Baby Pull-ups Production line

生产速度：500-600 片 / 分
Production Speed: 500-600pcs/min

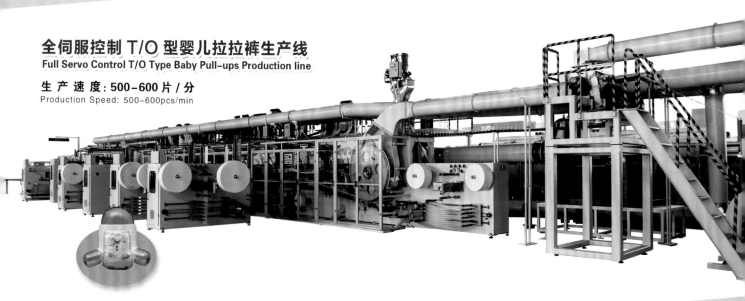

三木机械官方二维码

地址：江苏省金湖县金湖西路138号
电话：0517-86959098
传真：0517-86959077
邮箱：info@threewoodmachine.com
网址：www.threewoodmachine.com

博极创新　精勤不倦

全伺服成人纸尿裤生产线
Full Servo Adult Diaper Machine

生产速度：**300片/分**
Production Speed: 300 pcs/min

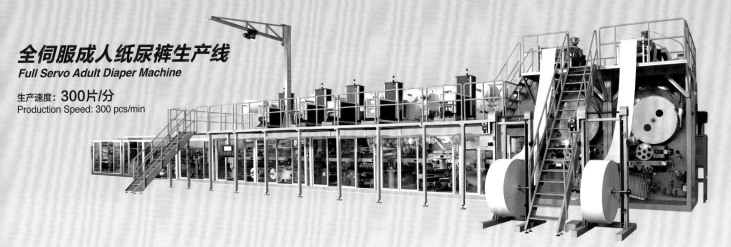

全伺服沙漏型环腰婴儿纸尿裤生产线
Full Servo Hourglass Leg Shaped and Full Width Waistband Baby Diaper Machine

生产速度：**600片/分**
Production Speed: 600 pcs/min

全伺服床垫生产线
Full Servo Under Pad Machine

生产速度：**300米/分**
Production Speed: 300 m/min

● 堆垛机
Stacker

主要产品：

床垫生产线，成人纸尿裤生产线，成人纸尿片生产线，婴儿纸尿裤生产线，婴儿纸尿片生产线，卫生巾生产线，护垫生产线，母乳垫生产线，产妇巾生产线，止血垫生产线，宠物纸尿裤生产线，宠物垫生产线，堆垛机。

上海智联精工机械有限公司

地址：上海市青浦区白石公路2288号
Add: No.2288 Baishi Road, Qingpu District, Shanghai.
Post Code: 201711　Tel: 021-59213878　Fax: 021-59213838
Http://www.shzljg.com　E-mail: zl@shzljg.com

信息化
Informatization

高 速
High Speed

高 效
High Efficiency

模块化
Modularization

低 耗
Low Consume

智能化
Intelligentialize

持续创新
Continuous Innovation

HengChang Turkey
Telephone: (90)(264)2914062
Contact: Murat Komurcu
Mobile: (90)(532)6091270
E-mail: mkomurcu@dispopak.com

HengChang Latin America
Contact: Xiao Yuan
E-mail: xiaoyuan@aqhch.com.cn

恒昌中国
地址：中国安徽省安庆市开发区兴业路
电话：(86)(556)5325888
传真：(86)(556)5357893
邮箱：aqhch@aqhch.com.cn
网站：www.aqhch.com.cn

SINCE 1988

HCH®

世界先进水平　真正中国创造
World advanced level created from China

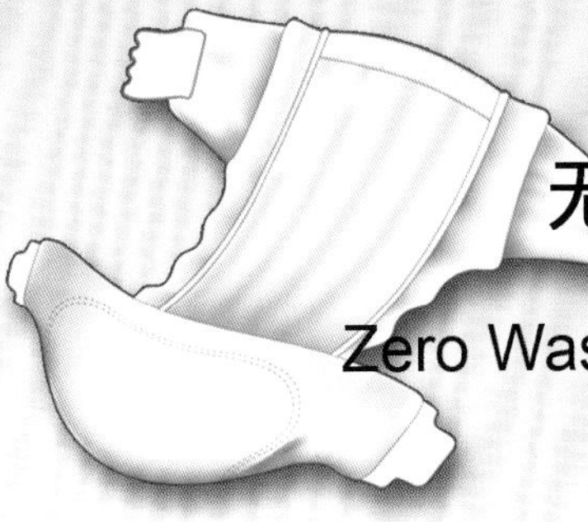

TNK-600/800PPM
无废料弹性大耳贴婴儿纸尿裤设备
+NBZ-60包装机
Zero Waste Elastic Ear Baby Diaper Machine
+NBZ-60 Packing Machine

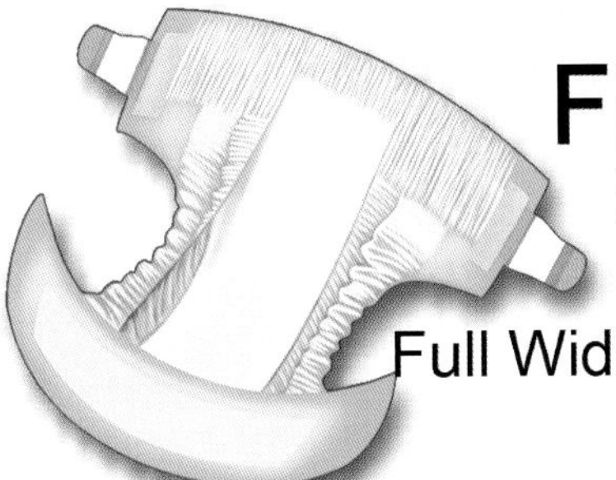

FNK-500/600/800PPM
环抱式弹力腰围婴儿纸尿裤设备
+NBZ-60包装机
Full Width Waistband Baby Diaper Machine
+NBZ-60 Packing Machine

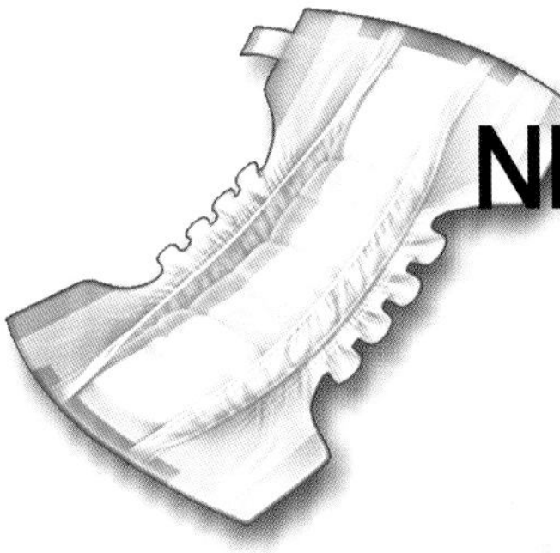

NK-500/600/800/1000PPM
普通婴儿纸尿裤设备
+NBZ-60包装机
Classic Die Cut Baby Diaper Machine
+NBZ-60 Packing Machine

恒昌机械制造有限责任公司
Heng Chang Machinery Co., Ltd.

BANGLIDA POLYMERS

高吸收性树脂(SAP)

服务心：

我们诚心　因为我们有精诚合作的态度
我们专心　因为我们有深耕品质的行动

Service:

Sincere because of our attitude of cooperation with all our heart.
Concentration because of our concentration on improving quality.

邦丽达（福建）新材料股份有限公司
BANGLIDA (FUJIAN) NEW MATERIALS CO., LTD.
地址：福建省泉州市水头镇324国道复线工业区　邮编：362000
电话：0595-86999718　86999728　　传真：0595-86999797
邮箱：banglida@banglida.com　网址：www.banglida.com

内彩 14

顺昌机械
SHUNCHANG MACHINERY
WWW.SCMM.COM

| 不断创新
| 诚挚服务
| 永不止步

全伺服婴儿拉拉裤生产线
稳定生产速度：400/600片/分

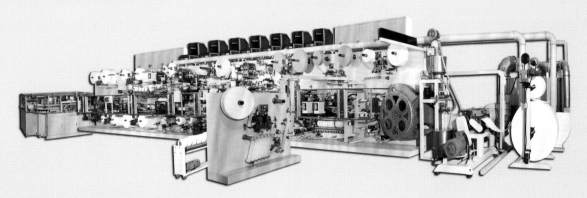

全伺服环腰婴儿纸尿裤生产线
稳定生产速度：400/600/800片/分

全伺服成人纸尿裤生产线
稳定生产速度：200/300片/分

TOMINAGA
上海富永

妇婴童、老人卫生护理用品包装设备专家

全自动伺服卫生巾包装设备 ▶▶

常规机速度：**50~65** 包/分
高速机速度：**90~120** 包/分

◀◀ **全自动伺服**
拉拉裤/纸尿裤包装设备

速度：**35~40** 包/分

全自动卫生巾堆垛机 ▶▶

速度：**900~1000** 片/分

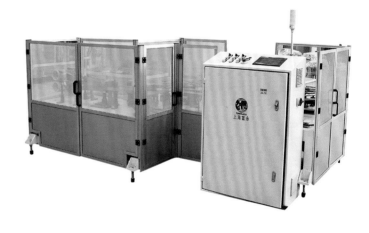

扫码关注

上海富永包装科技有限公司
Shanghai Tominaga Packing Machinery Co., Ltd.

生活用纸包装设备专家

重磅推介 >> 专业化包装设备，满足客户电商平台包装需求 <<

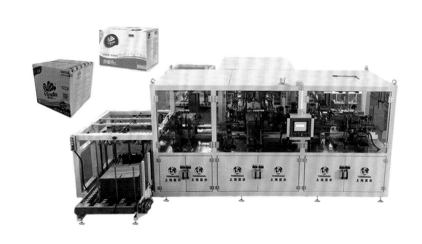

全自动伺服卫生卷纸/ ▶▶
软抽纸电商产品装箱机

常规机速度：**10~12** 箱/分

高速机速度：**20~25** 箱/分

◀◀ **全自动伺服**
无芯扁卷（卧式）&
卫生卷纸兼容中包机

速度：**18~25** 中包/分

▲ **全自动伺服软抽纸高速中包机**

速度：**35~40** 中包/分

地址：上海青浦工业园区天辰路2521号　　网址：www.tominaga-sh.com

电话：86-21-59886415　　传真：86-21-59886415-8096　　联系人：秦拥军、张美华、任广庆

邮箱：jim.qin@tominaga-sh.com、amy.zhang@tominaga-sh.com、jackren@tominaga-sh.com

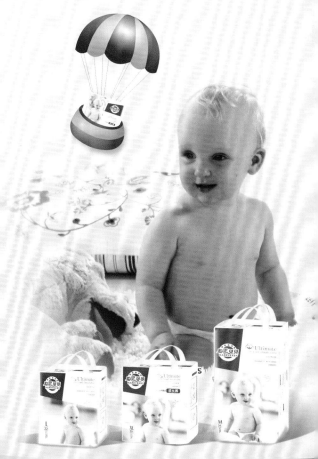

山东信和造纸工程股份有限公司
SHANDONG XINHE PAPER-MAKING ENGINEERING CO., LTD.

造纸机械制造的开拓者

技术创新领先的实践人

山东信和造纸工程股份有限公司与捷克PAPCEL（巴塞奥）集团旗下的意大利盖康卫生纸（GT）有限公司正式合作，致力于生活用纸设备的研发制造。相信在未来的卫生纸机市场上，双方将充分发挥各自的优势，对中国及世界卫生纸生产企业做出新的贡献！

山东信和 服务造纸

中意合作 技术领先

联系电话：0635-2933333 13793057777 13375606888   传真：0635-2936777

外贸部：0635-2938333   E-mail: lcxinhe@126.com   网址：www.sdxinhe.cn

地址：山东省聊城市高新区黄河路26号

内彩 20

NT KNIFE® DELSAR 德尔莎®

—— 有 德尔莎® 的地方，就有分切

IT-90360
Ø90

IT-150
Ø150

IT-200
Ø200

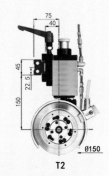

T2
Ø150

泽积（上海）实业有限公司是一家中意技术合作的内资企业，也是专业的工业用切刀和气动刀架生产厂家。近20年里，商标：DELSAR 德尔莎® 和 NT KNIFE® 一直代表着您极信赖的合作伙伴和优质的产品供应商。公司总部位于中国上海市漕河泾开发区·松江名企产业园区，依托上海是中国的经济、交通、科技、工业、金融、贸易、会展和航运中心，辐射全中国市场，走向全球市场。

服务客户：3M、金红叶、东冠、东顺、恒安、永丰余、中顺、太阳、诚信、邵阳纺机、洁圣、全利、广宇、松德……

S·S （代理产品）

美国创科释电绳

美国创科释电绳，利用避雷针原理能够有效消除纸张、薄膜或者因机器摩擦而产生的静电。轻巧如绳，随意安装，吸附静电，导向大地。

Ø2

标准型

Ø3.5

伸缩型

KICKERT （代理产品）

德国西科（KICKERT）公司成立三十年来，一直致力于展平辊的研究和开发，其产品质量优异，种类齐全，现已广泛应用于薄膜、铝箔、纺织和造纸等多个行业。

长期配套部分客户：

德国亚根堡（Jagenberg）、德国福伊特造纸（Voith Paper）、

德国安德里兹寇司德（Andritz Küsters）、德国康普公司(KAMPF)、

德国布鲁克纳公司（Brückner Maschinenbau）、德国莱宝公司（LEYBOLD）、

德国高乐（Goller Textilmaschinen GmbH）、奥地利安德里茨（Andritz）、

英国阿特拉斯公司（ATLAS）、英国通用公司（British General Vacuum）、

瑞士贝宁格（Benninger AG）、法国阿里曼德（Allimand）……

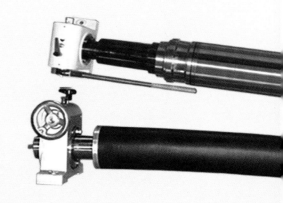

NT KNIFE® 泽积（上海）实业有限公司
Int Knife（Shanghai）Industrial Co., Ltd.

电话/Tel：(86-21) 5616 0425

传真/Fax：(86-21) 5767 7047

地址/Add：上海松江区泗砖南路255弄257号

网址/Web：www.chongxiu.com

邮箱/E-mail：sales@intknife.com

No.257, Ln.255, Sizhuan South Road, Songjiang, Shanghai, P.R.China, 201619

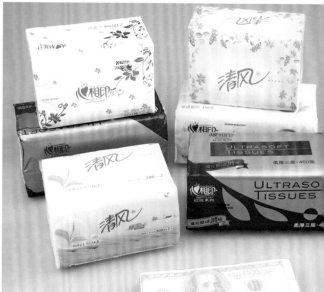

吸水衬纸原纸

- 降低次品率，减少浪费；
- 开机更稳定，提升加工效率；
- 提高吸水材料效率，降低成本；
- 能让产品吸液均匀，提高产品品质。

● 护理垫

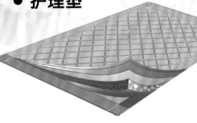

● 纸尿裤

● 卫生巾

高透气性　走机稳定　高强度

上海东冠纸业有限公司

原纸贸易 / OEM部联系人
杨臣君：021-57277193　13818704517
杨春：021-57277153　13916781098
传真：021-57277171
地址：上海市金山工业区林慧路1000号
网址：www. socpcn. com

内彩 25

发明家的创新
Catch the Innovations

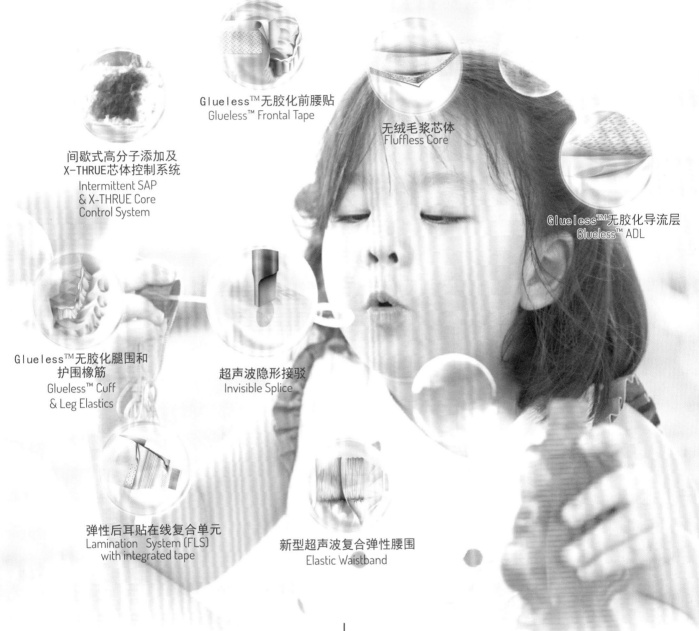

Glueless™无胶化前腰贴
Glueless™ Frontal Tape

无绒毛浆芯体
Fluffless Core

间歇式高分子添加及
X-THRUE芯体控制系统
Intermittent SAP
& X-THRUE Core
Control System

Glueless™无胶化导流层
Glueless™ ADL

Glueless™无胶化腿围和
护围橡筋
Glueless™ Cuff
& Leg Elastics

超声波隐形接驳
Invisible Splice

弹性后耳贴在线复合单元
Lamination System (FLS)
with integrated tape

新型超声波复合弹性腰围
Elastic Waistband

Our **DIAPER MACHINES** provide excellent performance levels, high quality and odourless products for End Users. We have new solutions for raw materials and innovative combinations of ultrasonic and thermo-bonding technologies. Together they contribute to reducing **Environmental Impact** and allow significant **Cost Saving**.

法麦凯尼柯的纸尿裤设备能为用户生产出高品质无异味的产品。我们在原材料加工及节约用料方面提出了独特的解决方案，并在超声波及热封技术领域提出了创新的组合方式。法麦凯尼柯与您共同致力于减少对环境的影响，并为客户节约大量生产成本。

www.fameccanica.com

FAMECCANICA
Non stop innovation

本产品以科学的复合技术，合理的结构配比，将下渗层、吸收层、导流层和底层粘合在一起。液体迅速通过下渗层，在导流层被扩散开，再被底层牢牢锁住。吸收层吸液后由扩散层定位，高分子不移位，不断裂，有效促进多次吸收，提高产品利用率。
超薄、超柔、超吸收；快吸、快干、不反渗。

MD-B1
扩散速渗型 扩散速渗型MD-B1美登复合芯体产品介绍
MD-B1 Infiltration-type Compound Core

柔软扩散导流层非织造布 Soft ADL nonwoven
吸收层1（高分子）Absorbing layer1(SAP)
底层（蓬松干法纸）Bottom Airlaid

200g/m² (185-215)

规格	S	M	L	XL
长（mm）	320	360	400	440
宽（mm）	95	95	95	95
重量（g）	6.1	6.8	7.6	8.4
SAP（g）	3.0	3.4	3.8	4.2

MD-B2
速渗型 速渗型MD-B2美登复合芯体产品介绍
MD-B2 Infiltration-type Compound Core

下渗层（蓬松干法纸）Infiltration layer Airlaid
吸收层1（高分子）Absorbing layer1(SAP)
柔软扩散导流层非织造布 Soft ADL nonwoven
吸收层2（高分子）Absorbing layer2(SAP)
底层（蓬松干法纸）Bottom Airlaid

305g/m² (290-320)

规格	S	M	L	XL
长（mm）	320	360	400	440
宽（mm）	95	95	95	95
重量（g）	9.3	10.4	11.6	12.7
SAP（g）	4.6	5.2	5.8	6.4

MD-B3
扩散速渗型 速渗型MD-B3美登复合芯体产品介绍
MD-B3 Dry-type Compound Core

扩散层非织造布 diffusing nonwoven
吸收层1（高分子）Absorbing layer1(SAP)
蓬松干法纸 Airlaid
吸收层2（高分子）Absorbing layer2(SAP)
柔软扩散导流层非织造布 Soft ADL nonwoven
吸收层3（高分子）Absorbing layer3(SAP)
蓬松干法纸底层 Bottom Airlaid

430g/m² (415-445)

规格	S	M	L	XL
长（mm）	320	360	400	440
宽（mm）	95	95	95	95
重量（g）	13.1	14.7	16.3	18.0
SAP（g）	7.5	8.4	9.3	10.2

MEIDEN 美登 智在先登
Achievements With Superior Intelligence

广东美登纸业有限公司
GUANGDONG MEIDEN PAPER CO., LTD.
地址：广东省佛山市三水中心科技工业区C区9号
电话：0757-87388816　传真：0757-87388811
www.fsmeideng.com

—PNV//—
普诺维

简单、高效、独创的旋转模切解决方案

Simple,efficient,unique rotary die-cutting solutions

产品推荐
Product recommendation

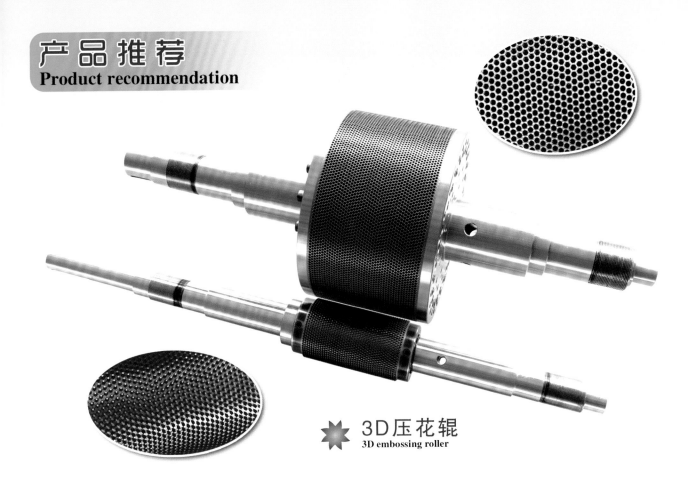

✳ 3D压花辊
3D embossing roller

卫生巾总成
RDC unit for sanitary napkins

婴儿纸尿裤总成
RDC unit for baby diapers

成人纸尿裤总成
RDC unit for adult diapers

未处理绒毛浆粉碎机
Mill of Un-treated fluff pulp

—PNV//—
普诺维

www.cnpnv.com

三明市普诺维机械有限公司
SANMING PNV MACHINERY CO.,LTD.

总部（Head quarters）
地址：福建省三明市梅列区瑞云高源工业区6号
ADD：6# Ruiyun Gaoyuan Industrial Zone, Meilie,
Sanming, Fujian, China.
电话（TEL）：+86 598 8365099 8365199
传真（FAX）：+86 598 8365689
E-mail：sales@cnpnv.com

厦门国际部（Xiamen International Dept）
地址：福建省厦门市湖滨南路57号19B（金源大厦）
ADD：57#-19B (Jinyuan Building) Hubin South Road,
Xiamen, Fujian, China.
电话（TEL）：+86 592 2276970
传真（FAX）：+86 592 2279868
E-mail：gsj@cnpnv.com

理工机电
Ligong Jidian

"因我们的存在，让行业革新，
经我们的努力，使众人受益"

中国制造

全球创新

陕西理工机电科技有限公司为国家高新技术企业，是"植物纤维气流成型技术的专业提供商，气流造纸成套设备和干法再造烟叶薄片成套设备的专业制造商"，具有国内权威的气流成型技术研发团队，拥有国际先进的气流成型技术。公司拥有的干法再造烟叶薄片技术属于世界性的创新技术。

公司以"利用植物纤维气流成型技术推动全球造纸业和烟草业实现绿色、环保、节能、降耗、减排"为使命，与国家烟草总局下属中国双维投资有限公司共同投资13.77亿元打造"中烟西安环保科技产业园"项目，分别投建了西安中维特种纸业有限公司、西安双维环保纸业有限公司、中国气流成型技术研究院、中国气流造纸和干法再造烟叶薄片整装设备研发制造基地、江苏帝森特纸业有限公司。

陕西理工机电科技有限公司
www.ligongkeji.com

地址：西安市明光路凤城十二路凯瑞B座1001室
电话/传真：029-86180166 86515222

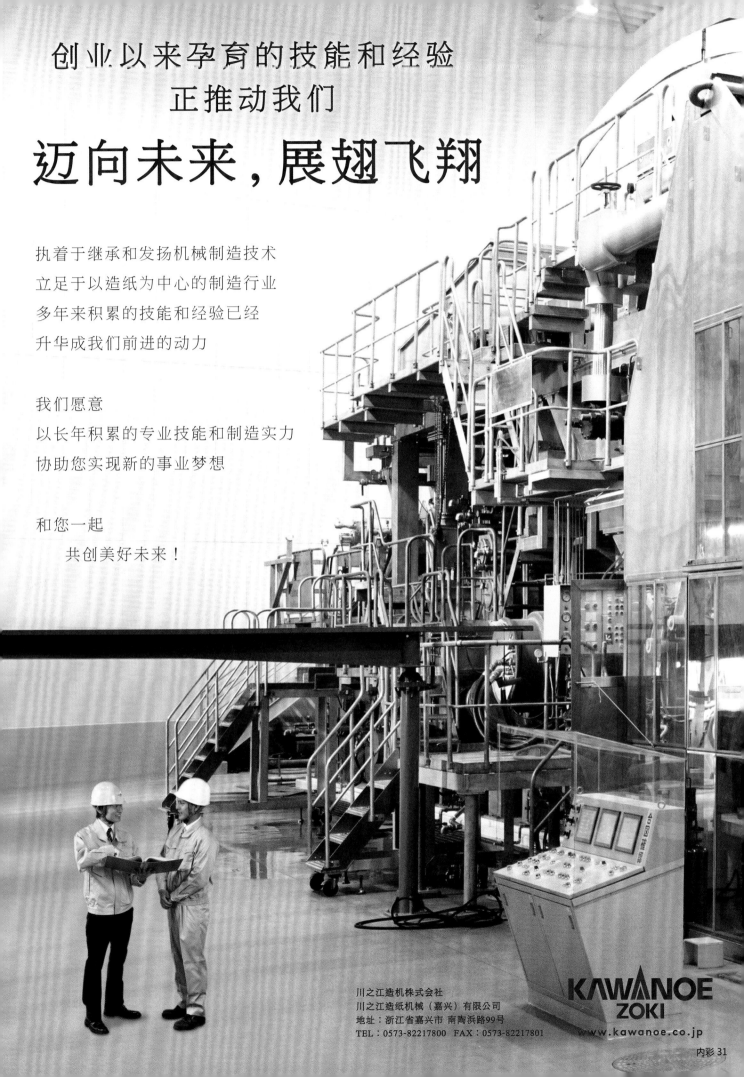

创业以来孕育的技能和经验
正推动我们

迈向未来，展翅飞翔

执着于继承和发扬机械制造技术
立足于以造纸为中心的制造行业
多年来积累的技能和经验已经
升华成我们前进的动力

我们愿意
以长年积累的专业技能和制造实力
协助您实现新的事业梦想

和您一起
    共创美好未来！

川之江造机株式会社
川之江造纸机械（嘉兴）有限公司
地址：浙江省嘉兴市 南陶浜路99号
TEL：0573-82217800 FAX：0573-82217801

KAWANOE ZOKI
www.kawanoe.co.jp

内彩 31

SERVO
TECHNOLOGY

XE4168SV-S2-P45
稳定生产速度1600片/分

广州市兴世机械制造有限公司
GUANGZHOU XINGSHI EQUIPMENT CO., LTD.
地址：中国广州市番禺区钟村钟汉路11号
电话：+8620-8451 5266　传真：+8620-8477 6421
邮箱：xingshi@xingshi.com.cn
ADD: No.11 Zhonghan Road, Zhongcun, Panyu, Guangzhou, China.
TEL: +8620-8451 5266　FAX: +8620-8477 6421
E-mail: xingshi@xingshi.com.cn

SPEED 1600 ppm

全伺服快易包护翼卫生巾生产线

FULL SERVO SANITARY NAPKIN MACHINE

SPEED 600 ppm

全伺服大环腰婴儿纸尿裤生产线

FULL SERVO FULL WIDTH WAISTBAND BABY DIAPER MACHINE

XE4155-SV

稳定生产速度600片/分

毅创设备
Yekon Machine

精诚铸就品牌 悉心创造辉煌

GOOD FAITH CREATES BRAND GOOD CARE CREATES RESPLENDENCE

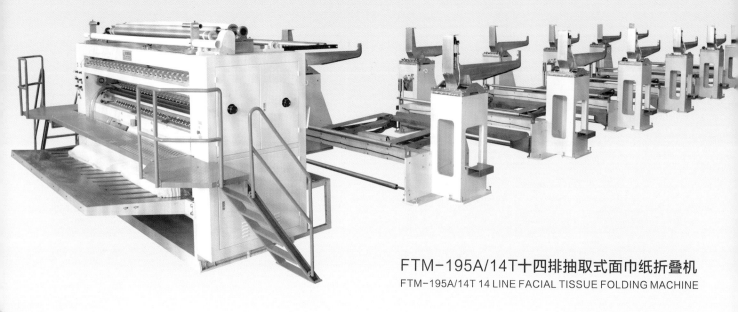

FTM-195A/14T十四排抽取式面巾纸折叠机
FTM-195A/14T 14 LINE FACIAL TISSUE FOLDING MACHINE

设备技术特点
MACHINE TECHNICAL FEATURES

- 新形断纸刀具结构，采用抛物线弧形面刀，大幅减少剪切力，噪音低、刀损少；
- 真空折叠辊采用四幅式结构，辊体直径大、刚性好，保证了高速运转的稳定性；
- 新型气阀体结构，真空折叠辊两侧同时通气，并且可在运行过程中单独调节，实现高效节能，只需配45kW真空泵（已获发明专利ZL 2011 2 0348249.3）；
- 新型气动退纸架，采用墙板式结构，原纸最大直径1.5m，承重可达2t。原纸开卷采用无芯轴、塞套式结构，取消了沉重的芯轴，大幅降低劳动强度；
- 控制系统采用专门研发的分部恒张力控制系统，配备张力自动控制功能和自动/手动对边功能；
- 生产速度可达80~100m/min，最大原纸幅宽2850mm。

FTM全系列抽取式面巾纸折叠机/HTM系列擦手纸折叠机/PHM系列手帕纸折叠机

佛山市南海毅创设备有限公司
FOSHAN NANHAI YEKON TISSUE PAPER MACHINERY CO., LTD.

www.yekon-machine.com

广东省佛山市南海区狮山科技工业园北区银狮路（北园管理公司旁）
Shishan Science and Technology Industrial Park, North Silver Lion Road, Nanhai, Foshan, Guangdong. (North garden management company side)
Tel:0757-81816199 81816197   Fax:0757-81816198   E-mail:yekon@yekon-machine.com

德渊聚烯烃卫材胶, 提供优异性能
相同强度, 减少您20%用胶量

Tex Year Polyolefin based products provide you
stronger bonding strength and **save 20% adhesive!**

Low Odor
低气味

Excellent Heat
Stability
热稳定性佳

Save Cost
节省成本

PO系湿强结构胶、橡胶系结构胶、橡筋胶、左右贴胶、背胶、端封胶系列产品
广州、江苏、台湾多个生产基地串连, 提供实时快速供货

广州德渊精细化工有限公司
大陆总部暨南区营业处(广州)
营业代表: 李火明先生 13915277523

www.texyear.com.cn   微信公众号

台湾股票上市代号 (4720) 台湾热熔胶专业制造商 1976年创立

Veocel™用于婴儿湿巾的纤维品牌

Veocel™品牌莱赛尔纤维的光滑表面为肌肤带来丝般触感, 同时能保证液体更好地吸收与释放。
植物生态来源的Veocel™将天然与亲肤合二为一, 是婴儿护理产品的明智选择。

兰精纤维(香港)有限公司　邮箱: hongkong@lenzing.com
兰精纤维(上海)有限公司　邮箱: shanghai@lenzing.com

Innovative by nature

Miyoshi 乳霜剂 专用于保湿生活用纸
PLATINUM YYLotion-8

 Miyoshi Oil & Fat Co., Ltd.
ミヨシ油脂株式会社

开工 1921 年 11 月
成立 1937 年 2 月
注册资金 9,015,191,284 日元（2012 年 3 月 28 日时）
日本上市公司

三吉油脂株式会社：生产部（东京公司总部）TOKYO

京东工厂于1941年开工，至今已有半个多世纪的历史，生产奶油、填充、添加物、脱模油等产品。在东京中心为数不多的大片绿树绿地的厂区里，除公司总部大楼外，还有食品和油化的技术开发部门，也是研发中心。

名古屋工厂 NAGOYA

名古屋工厂于1968年开工，生产纤维方面的油剂，并进行纤维油剂、工业用洗涤剂和柔顺剂、香料及化妆品、纸及纸浆等高附加值化学产品的研发。PLATINUM YYLotion-8就产于此工厂。

主要产品

- 食用油脂业务：人造奶油、起酥油、猪油、粉末油脂、掼奶油等食用加工油脂
- 工业用油脂业务：脂肪酸、甘油等工业用油脂
- 化成品业务：纤维用处理剂、消泡剂、高分子改性剂、重金属修补剂等各种界面活性剂

Miyoshi 乳霜剂产品在日本保湿纸巾市场占有率达：**80%**，日本市场上多年保持 **" 零客诉 "** 的记录

日本生活用纸市场占有率前三的企业（大王制纸、王子制纸、日本制纸）均在使用 Miyoshi 产品

更天然

甘油
棕榈油萃取
75%~85%

+

精制水
20%

+

Miyoshi
独特配方

=

Miyoshi 乳霜保湿剂
PLATINUM YYLotion-8

活性成分高 80%　　pH 值 弱酸性

更保湿　吸水和锁水性能超强，即使在干燥环境下也能持续保证纸巾很好的湿润感和丝滑感

无　味　日本和欧美始终不会使用有味道的乳霜保湿剂

使用效益

广泛：适用各种乳霜纸巾复合成型技术和设备（喷淋，辊涂或印刷）

高效：黏度只有40mpa·s(30℃)，复卷不断纸不起折，涂布量可以控制在5%~35%
　　　（理想20%~30%）

保障：纸巾具备湿润，丝滑和柔软细腻的极佳手感

健康：甘油天然抑菌加上棉柔触感可以缓解鼻炎，花粉症和感冒等

无忧：中日合资团队技术服务和开机支持

苏州市旨品贸易有限公司
华东总部：上海市浦东新区周祝公路 268 弄绿地乐和城 2 栋 1305 室
电话 / 传真：021-38230006

宁波东誉无纺布有限公司
NINGBO dongyu NONWOVENS CO., LTD.

最新产品 弹性非织造布
PE纺粘布
超柔无感系列非织造布
超爽复合芯体
竹原纤维干法纸
汉麻干法纸

专业卫材生产企业

二十多年的技术结晶；

45000吨以上的产能；

热风、热轧、纺粘（S、SSS）非织造布，干法纸等齐全的品种。

地址：浙江省慈溪市掌起工业园　邮编：315313　电话：0574-63742606　63744609 | Http://www.dy-nonwoven.com
联系人：聂先生 18805841026　岑先生 18805841032　传真：0574-63740408 | E-mail: qixing@china-nonwoven.com

---

中国造纸协会生活用纸专业委员会

出版物

《生活用纸》杂志

中国国内关于生活用纸、卫生用品行业的专业性科技类综合性刊物

月刊，全年12期，大16开，全彩版印刷

《生活用纸行业年度报告》

全面系统解析中国生活用纸行业、卫生用品行业的市场概况和发展前景

《2017年生活用纸行业年度报告》
2018年4月发行　新版！

《中国生活用纸年鉴》 Hot!

国内全面反映生活用纸、卫生用品及相关行业全貌的工具书

《中国生活用纸年鉴2018/2019》
赠送电子版，方便查阅、使用
2018年发行　新版！

《中国生活用纸行业企业名录大全》

方便企业快速查阅中国生活用纸/卫生用品生产企业、原辅材料、设备器材及经销商企业名录

《中国生活用纸企业名录大全2018/2019》
2018年发行　新版！

官网及微信

中国生活用纸和卫生用品信息网

www.cnhpia.org

了解行业信息的权威门户网站

专业性强、信息量大、内容每日更新　新版！

官方微信公众平台

每日推送业内重要新闻及独家行业分析，拥有近5万名行业"粉丝"

微信号：cnhpia

了解更多……　电话：010-64778188　E-mail: info@cnhpia.org　Http://www.cnhpia.org　内彩 39

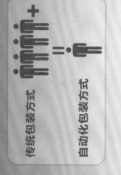
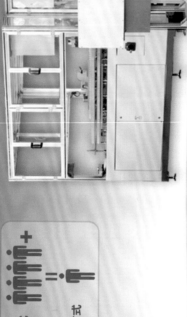